AF332737

ASSOCIATION FRANÇAISE

POUR

L'AVANCEMENT DES SCIENCES

CONGRÈS DE LILLE

1874

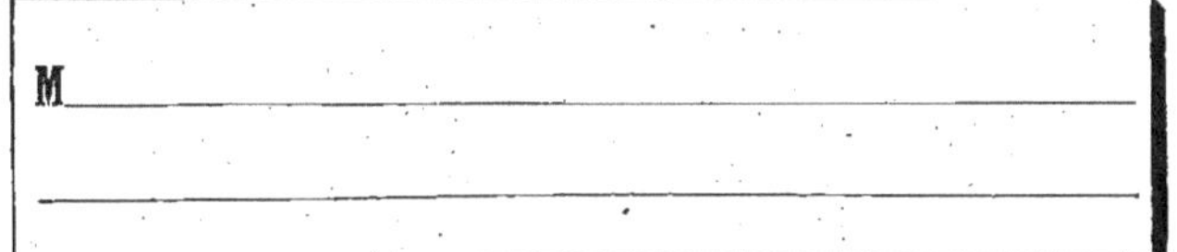

PARIS

AU SECRÉTARIAT DE L'ASSOCIATION

76, rue de Rennes.

POUR L'AVANCEMENT DES SCIENCES

Congrès de Lille, 1874.

Dr de SINÉTY

de Paris.

SUR QUELQUES POINTS DE LA PHYSIOLOGIE DE LA GLANDE MAMMAIRE
ET DE LA LACTATION

— Séance du 22 août 1874 —

Le mode de formation des diverses substances qui entrent dans la composition du lait est certainement un des points les moins connus de la physiologie. Quel est le rôle de la mamelle dans cette grande fonction de la lactation? Fabrique-t-elle de toutes pièces les éléments du lait? A-t-elle seulement la propriété d'éliminer les uns et de former les autres? Il me suffit de poser ces questions pour montrer quelle obscurité règne encore sur elles.

Je n'ai nullement la prétention de donner, pour le moment, la solution de ces problèmes. Mais les recherches auxquelles je me livre depuis plusieurs années sur ce sujet m'ont amené à constater un certain nombre de faits intéressants pour la physiologie de la glande mammaire.

Depuis que je me suis occupé pour la première fois des rapports qui existent entre un certain état graisseux, spécial, du foie et la lactation, j'ai vu un nombre considérable de faits, qui viennent confirmer ceux que j'exposais en 1872 (1). Déjà, en 1856 et 1857, M. Tarnier avait signalé le foie gras chez la femme pendant l'état puerpéral, et Ranvier en 1872, dans une communication faite à la Société de biologie, insista sur la disposition de la graisse dans le foie des femelles en lactation. En effet, on trouve là une disposition de la graisse, complétement différente de ce qu'elle est dans tous les autres cas où le foie devient graisseux.

On sait, d'après Wirchow et bien d'autres auteurs, que dans toutes les dégénérescences graisseuses du foie, c'est à la périphérie du lobule hépatique que la graisse se montre d'abord; de même dans l'engraissement

---

(1) *Comptes rendus de l'Académie des sciences,* 1872, et thèse de Paris 1873.

AU

artificiel, on voit, comme l'a signalé Lereboulet, que la graisse s'accumule à la périphérie des lobules avant de s'avancer vers la veine centrale. Ce n'est que quand le foie est complétement gras qu'on trouve alors de la graisse au centre du lobule. J'ai fait un grand nombre d'expériences à ce sujet. J'ai essayé sur le lapin l'empoisonnement par le phosphore, l'ingestion d'huile, longtemps continuée par les voies digestives, l'injection de substances grasses dans les vaisseaux et, dans tous ces cas, j'ai vu la graisse s'accumuler à la périphérie du lobule dans le voisinage des branches de la veine porte, et faire absolument défaut quand on observait le centre de ces mêmes lobules.

Dans la lactation c'est l'inverse que l'on observe, et la graisse qui manque complétement à la périphérie se trouve accumulée autour de la veine intralobulaire. Cet état du foie commence à se montrer en même temps que le lait apparaît dans la mamelle et cesse aussi avec la production de ce liquide ; la gestation n'a aucune influence sur cette fonction steatogène du foie, comme je m'en suis assuré, soit par des autopsies de femmes enceintes, soit en sacrifiant des femelles à diverses périodes de la grossesse. Quand j'ai publié mes premiers travaux sur ce sujet, j'avais constaté ces faits sur la femme, la chienne, le lapin, le lièvre et la souris. Depuis cette époque je les ai revus souvent sur les mêmes espèces et en outre sur le cobaye, le rat, le chat et d'autres mammifères. Le foie du lièvre en particulier ne contient presque pas de graisse en dehors de l'état de lactation, aussi est-il très-favorable pour cette étude. Par le moyen de l'acide acétique et encore mieux avec l'acide osmique, on obtient des préparations histologiques où il est très-facile de distinguer quelles sont les portions du lobule occupées par la graisse. Mais même sans l'aide d'aucun réactif et à l'œil nu, on peut juger de cette curieuse disposition de la graisse dans le foie des nourrices. Il me paraît donc très-probable que le foie fabrique, au moins en partie, les corps gras destinées à la sécrétion lactée. Ici j'entre dans la voie des hypothèses et je n'ose pas m'aventurer plus loin, car je suis convaincu qu'en fait de sciences surtout, l'hypothèse est d'autant plus dangereuse qu'elle est plus attrayante.

Mais le fait d'un état gras du foie, avec une disposition spéciale de la graisse dans les lobules, coïncidant toujours avec la sécrétion mammaire, apparaissant et disparaissant avec elle, me semble aujourd'hui acquis à la science.

Après les substances grasses, la lactine occupe une grande place dans la composition du lait. L'étude de la glycosurie chez les nourrices m'a amené à certains résultats que je crois assez intéressants pour leur donner place dans cette communication.

D'abord, cette question de la glycosurie des nourrices a été le sujet de bien des discussions contradictoires. Depuis que Blot, en 1856, l'avait signalée comme un phénomène constant chez les accouchées, les nourrices et la plupart des femmes enceintes, Lecomte et plusieurs autres, soit en France, soit en Allemagne, n'admirent pas les idées de Blot; bref, la question avait été résolue dans un sens opposé par différents auteurs, quand j'en ai repris l'étude en 1873. Je ne me suis pas contenté de l'étudier chez la femme et j'ai cherché à élucider la question en m'adressant, en outre, à différentes espèces animales.

Or, je suis arrivé à constater que rien n'est plus variable que cette apparition du sucre dans les urines des femelles en lactation, mais il est en notre pouvoir de la produire à volonté, en cessant brusquement l'allaitement.

Chez la femme, de même que chez des chiennes, des lapines, des cobayes, toutes les fois que j'ai suspendu l'allaitement, au bout de quelques heures, j'ai vu le sucre apparaître dans les urines. Quand au contraire la dépense de la glande mammaire est considérable, le sucre disparaît de l'urine (1). Dans les urines sucrées des nourrices, j'ai aussi trouvé un grand nombre de granulations graisseuses. Le rein semble donc être la soupape de sûreté, destinée à éliminer de l'économie le sucre qui se trouve en trop grande abondance; c'est là une vraie glycosurie physiologique transitoire (2).

Mais voici des expériences qui semblent prouver que c'est la mamelle qui fabrique ce sucre.

J'ai pratiqué sur des femelles de cobayes qui, comme on sait, n'ont qu'une paire de mamelles, l'ablation de ces glandes pendant la lactation. Quelques heures après l'opération, on ne trouvait plus de traces de sucre dans des urines qui réduisaient abondamment avant. Dans ce cas, on pourrait croire que le traumatisme aurait eu une influence sur la disparition du sucre. Mais ces mêmes femelles, privées de mamelles, ont parfaitement guéri et ont eu depuis plusieurs portées de petits très-bien conformés. Dans tous ces cas où la mamelle n'existait plus, je n'ai jamais vu se produire la moindre glycosurie, dans les jours qui ont suivi la parturition. C'est donc bien à la mamelle qu'est dû ce sucre qui apparaît dans les urines des nourrices.

Ces expériences ont démontré, en outre, que la privation des mamelles n'a aucune influence sur la fécondation, la gestation et la parturition; mais elle amènerait forcément la destruction de l'espèce, car les nou-

---

(1) Au moment de la montée du lait chez la femme, phénomène auquel on donnait autrefois le nom de fièvre de lait, j'ai trouvé constamment du sucre dans l'urine des accouchées. En effet à cette époque la glande mammaire produit abondamment, et son débit est peu considérable.

(2) Je ne suis pas encore arrivé à pouvoir affirmer si ce sucre contenu dans les urines des nourrices est à l'état de glucose ou de sucre de lait.

veau-nés, quoique mangeant dès la naissance, ne peuvent pas se passer du lait maternel et meurent tous avant le sixième jour. Si on leur donne une nourrice, ils vivent tout aussi bien que ceux qui ont été procréés par une femelle en possession de ses mamelles. J'ai sacrifié, il y a quelque temps, une femelle adulte opérée il y a un an et qui avait eu quatre portées depuis cette époque, et j'ai constaté que la glande ne s'était reproduite sur aucun point.

Chez les animaux que j'ai opérés peu de jours après leur naissance, j'ai toujours vu, au contraire, la glande mammaire se reproduire en partie. Mais à cet âge, il est impossible de limiter la mamelle et d'être bien sûr qu'on a enlevé tout élément glandulaire.

Il est encore un point de l'étude non plus de la mamelle, mais du lait lui-même, dont je me suis occupé il y a peu de temps et qui était jusqu'à présent très-controversé par les histologistes. Je veux parler de l'existence d'une membrane autour des globules du lait. Cette membrane, admise par les uns et niée par les autres, a été aussi le sujet d'un grand nombre de travaux.

Elle était difficile à constater, et dans tous les cas où l'on employait les réactifs, on pouvait, avec raison, se demander si ces derniers n'étaient pas cause de la formation d'une substance membraneuse. C'est en effet, dans bien des cas, ce qui est arrivé. Mais il n'y a pas besoin des substances étrangères pour amener des coagulations dans le lait. J'ai été même surpris de voir se former dans ce liquide, au bout de peu de temps, des coagulations très-faciles à constater au microscope, tandis qu'à l'œil nu, au goût et à l'odeur, on ne pouvait encore saisir aucune transformation.

Si on examine le lait immédiatement au sortir de la mamelle, en ayant soin de ne pas l'agiter, on ne trouve aucune trace de membranes autour des globules gras, ni aucune substance coagulée dans la préparation soumise à l'examen. Si le lait n'est pas agité, les coagulations se montrent plus tardivement, mais j'en ai trouvé toujours au bout d'une heure, et parmi les globules gras ; un grand nombre sont alors entourés d'une substance membraneuse, facile à reconnaître aux plis qu'elle forme en certains points.

Ces observations montrent que, comme tous les liquides de l'organisme, le lait est soumis dans la mamelle à des échanges continuels et incessants, qui constituent la vie.

Personne n'aurait l'idée de considérer comme normal le sang, quand il a été extrait des vaisseaux. Le phénomène de la formation du caillot a nécessairement frappé les premiers qui l'ont vu.

Pour le lait, il en est de même que pour le sang ; et pour être moins faciles à observer et nécessiter l'emploi du microscope, les transformations morphologiques que subit ce liquide hors de la mamelle n'en sont pas moins évidentes. Dans l'organisme vivant, le lait ne se compose que d'un liquide amorphe tenant en suspension des corpuscules sphériques de dimensions différentes, formés de matières grasses. Ces petits corps ne sont pas même entourés de cette fine membrane qui se forme au contact des substances grasses et albuminoïdes, et qu'Ascherson avait très-bien étudiée et décrite sous le nom de membrane haptogène.

J'ai repris les expériences d'Ascherson, et j'ai vu comme lui que si l'on agite de l'huile avec de l'albumine de l'œuf, par exemple, il se forme autour de chaque gouttelette d'huile une enveloppe membraneuse que l'addition d'une goutte d'une solution de rouge d'aniline rend encore plus évidente, mais qu'on peut très-bien observer sans l'aide d'aucun réactif.

Le lait vivant est, à ce point de vue, une émulsion toute spéciale et différente de celles que nous obtenons dans nos bocaux.

Dès qu'il a quitté la mamelle, il devient semblable alors, en certains points, au liquide soumis aux expériences.

Il paraît parfaitement fluide à l'œil nu; mais le microscope nous montre qu'il contient bientôt des substances coagulées, de véritables petits caillots.

Alors aussi ces globules s'entourent d'un membrane comme les gouttelettes d'huile, quand on agite celle-ci avec de l'albumine.

Voilà, je crois, ce qui a fait décrire une membrane autour des globules laiteux, par un grand nombre d'histologistes.

Ils avaient pris pour leur étude du lait ayant déjà subi les altérations qu'on observe dans ce liquide peu de temps après qu'il a quitté la mamelle.

Cette promptitude de coagulation du lait en dehors de l'organisme me paraît devoir présenter un assez grand intérêt au point de vue des injections de ce liquide dans les vaisseaux, proposées dans certaines maladies et surtout dans le choléra (1). Elle explique aussi les accidents subits qu'ont observés dans quelques cas les expérimentateurs, et en particulier Donné, en injectant du lait dans les vaisseaux chez les animaux.

La digestibilité différente des substances albuminoïdes, selon qu'elles sont ou non coagulées, explique aussi, peut-être, comment certaines per-

____

(1) Edward M. Hodder (*The Pratictioner*, janvier 1873) cité par Hayem. *Revue médicale*, t. I, p. 869.

sonnes, et en première ligne les nouveau-nés, digèrent souvent mieux le lait puisé à la mamelle elle-même, que celui qui en a été retiré déjà depuis quelque temps.

Je ne veux pas entrer dans les détails des expériences ou de la technique que j'ai employées pour mes recherches. J'ai voulu seulement résumer ici, aussi brièvement qu'il m'a été possible, les principaux faits que j'ai observés et les quelques conclusions que j'ai cru pouvoir en tirer.

LILLE. — IMPRIMERIE DANEL.

ASSOCIATION FRANÇAISE

POUR L'AVANCEMENT DES SCIENCES

EXTRAIT DES STATUTS ET RÈGLEMENT

Votés par l'Assemblée générale du 27 août 1874.

STATUTS.

Art. 4. — L'Association se compose de membres fondateurs et de membres ordinaires ; les uns et les autres sont admis, sur leur demande, par le Conseil.

Art. 5. — Sont membres fondateurs les personnes qui auront souscrit à une époque quelconque une ou plusieurs parts du capital social : ces parts sont de 500 francs.

Art. 7. — Tous les membres jouissent des mêmes droits. Toutefois les noms des membres fondateurs figurent perpétuellement en tête des listes alphabétiques, et les membres reçoivent gratuitement pendant toute leur vie autant d'exemplaires des publications de l'Association qu'ils ont souscrit de parts du capital social.

RÈGLEMENT.

Art. 1er. — Le taux de la cotisation annuelle des membres non fondateurs est fixé à 20 francs.

Art. 2. — Tout membre a le droit de racheter ses cotisations à venir en versant une fois pour toutes la somme de 200 francs. Il devient ainsi membre à vie.

La liste alphabétique des membres à vie est publiée en tête de chaque volume, immédiatement après la liste des membres fondateurs.

Les souscriptions sont reçues :

Au Secrétariat, 76, rue de Rennes ;

Chez M. Masson, *trésorier*, 17, place de l'École-de-Médecine.

Les souscriptions des membres fondateurs peuvent être versées en une seule fois,
ou en deux versements de chacun 250 francs.

www.ingramcontent.com/pod-product-compliance
Lightning Source LLC
LaVergne TN
LVHW050244060726
842525LV00007B/2852